AF586821

STATISTIQUE

AGRICOLE ET INDUSTRIELLE

DE LA COMMUNE

DE LOUPPY-LE-PETIT,

PAR M. CAURIER,

CLERC DE NOTAIRE, A BAR-LE-DUC.

Bar-le-Duc.

IMPRIMERIE DE NUMA ROLIN,

IMPRIMEUR DE LA PRÉFECTURE ET LITHOGRAHE,

Rues Voltaire 4, et de la Rochelle 21 (*bis*).

(1841.)

STATISTIQUE.

STATISTIQUE

AGRICOLE ET INDUSTRIELLE

DE LA COMMUNE

DE

LOUPPY-LE-PETIT.

La commune de Louppy-le-Petit fait partie du canton de Vaubecourt; elle est située dans une vallée assez étroite qu'arrose la rivière de Chée, dont la source remonte à la fontaine qui se trouve au milieu du village de Seigneulles.

Sa culture principale est la terre arable et la vigne.

Son terroir est limité par ceux de Condé à l'est, de Lisle-en-Barrois au nord, de Villotte au nord-est, de Louppy-le-Château à l'ouest, de Chardogne au sud et de Génicourt au sud-est.

Le chemin de grande vicinalité de Bar-le-Duc à Triaucourt la traverse.

Cette commune comprend 156 maisons, elle possède un moulin à eau, une huilerie et plusieurs distilleries; sa population qui était de 588 individus en 1831 se trouve réduite d'après le recensement qui vient d'avoir lieu à 545; cette réduction peut être attribuée en partie à l'épidémie du choléra qui a sévi en 1832.

L'industrie de ses habitants consiste principalement dans l'agriculture et notamment dans la culture de la vigne ; cependant plusieurs pères de famille qui vont exercer au dehors la profession de cordonnier, d'émouleur, quittent leurs foyers pendant neuf à dix mois de l'année et laissent aux soins de leurs femmes la culture et la régie de leurs propriétés. Cet usage qui est immémorial est tombé en désuétude et a beaucoup perdu de sa généralité depuis une quarantaine d'années. En effet, on voit par les notes de la mairie, qu'en l'an X, 70 habitants de la commune sortaient annuellement du département de la Meuse pour travailler et y revenir, tandis qu'aujourd'hui il en est à peine la moitié qui l'abandonnent dans le même but.

L'état de langueur dans lequel l'agriculture se trouvait plongée vers la fin du siècle dernier, était sans doute une des causes de cet état de choses qui, heureusement, disparaît chaque jour, et dont il ne nous restera bientôt plus que le souvenir, car depuis un certain nombre d'années on voit les fils renoncer à la profession de leurs pères et s'adonner de plus en plus à la culture ; plusieurs de ces derniers abandonnent aussi leur triste métier, et dans quelque temps cet élan qui les porte les uns et les autres vers la plus belle et la plus noble des professions, se manifestera chez tous et rendra ainsi à nos champs et à nos vignes des bras vigoureux à l'aide desquels l'agriculture deviendra de plus en plus florissante.

Les changements que je viens de signaler sont, sans doute, d'un bon augure pour l'avenir, et certes les laborieux habitants de Louppy-le-Petit y applaudissent de tout leur pouvoir; mais quand on songe qu'il a fallu près de cinquante années pour obtenir de si faibles résultats, on se demande pourquoi ces hommes, qui s'expatrient pendant une très grande partie de l'année, ne s'empressent pas de renoncer à leur métier et à rester au sein de leur famille, où leur présence serait si nécessaire, non seulement pour élever leurs enfants, mais encore pour surveiller et améliorer leurs propriétés. On s'étonne que ces hommes puissent croire encore que la culture de la terre ne leur serait pas plus productive et plus avantageuse que l'exercice de leur profession; car il est bon de le dire en passant, telle a toujours été l'idée qui a porté nos ancêtres à perpétuer jusqu'à nous un usage qui, comme je l'ai dit en commençant, est immémorial et dont l'origine se perd dans la nuit des temps ; c'est qu'ils étaient persuadés qu'en se livrant à la culture, leur travail serait sans résultat, leurs peines et leurs soins perdus, tant le sol leur paraissait ingrat et incapable de produire quoi que ce soit. C'était là une erreur, et une erreur complète ; ce qui se passe depuis quelques années le démontre jusqu'à l'évidence.

Il est si vrai que telle était la pensée qui animait nos pères jusqu'à une époque qui n'est malheureusement pas encore trop loin de nous, qu'en l'an X, M. le maire de la commune de Louppy-le-Petit, répondant à une question qui lui était posée par M. le préfet de la Meuse, dans une statistique industrielle, vient lui-même corroborer l'opinion de ses administrés d'une manière qui ne peut laisser aucun doute à cet égard.

Quelles causes, disait M. le préfet, ont porté les habitants de votre commune vers la profession qu'ils embrassent davantage ?

> « Les habitants de notre village, répondait M. le maire,
> » embrassent préférablement les professions d'émouleurs,
> » cordonniers et savetiers roulants, parce que *l'ingratitude*
> » *du sol que nous habitons est à un si haut degré que,*
> » *malgré tous les maux qu'on pourrait y prendre, on péri-*
> » *rait de misère si l'on ne sortait pour pourvoir à sa sub-*
> » *sistance.* »

Puis M. le préfet ajoutait :

Quelles causes les ont éloignés des autres métiers ?

> « Les causes qui ont éloigné les habitants de cette com-
> » mune, disait M. le maire, des arts et métiers, tels que
> » charpentiers, maçons, menuisiers, fabricants de bas, tan-
> » neurs, chapeliers, etc., sont qu'il faut payer des appren-
> » tissages et donner une certaine éducation aux enfants,
> » et n'en ayant pas les facultés on les livre aux professions
> » de savetiers et d'émouleurs. »

Ainsi, on le voit, cet usage de s'adonner aux seuls métiers de cordonniers, savetiers, émouleurs, plutôt qu'à la culture de la terre et préférablement aux autres arts et métiers, avait été suivi de tout temps par nos ancêtres, et il était encore dans toute sa généralité vers l'année 1800, à cette époque où le premier magistrat de la commune, partageant alors l'opinion des habitants, disait, avec le sentiment de la persuasion la plus intime, que si ces derniers renonçaient à leurs métiers, ils périraient de misère, tant l'ingratitude du sol était à un haut degré.

A en juger par les apparences, l'industrie que nos habitants allaient exercer au-dehors ne leur était pas très productive, puisque si l'on en croit les propres paroles de M. le maire, rapportées ci-dessus, ils n'avaient pas même alors la faculté de donner une certaine éducation à leurs enfants qui étaient forcés, par conséquent de suivre la condition de leurs pères.

Cependant on doit le reconnaître, ces hommes qui abandonnaient ainsi leur famille, leurs enfants, les auteurs de leurs jours, pour aller au loin exercer leur pénible métier pendant neuf à dix mois de l'année, ces hommes qui étaient obligés de faire abnégation de tout sentiment, méritaient une plus belle récompense, un salaire plus proportionné aux peines et aux fatigues qu'ils éprouvaient; ils étaient mus sans doute par l'amour du travail, par le désir d'être utiles à leurs familles, et surtout par une conviction intime qui les portait à croire qu'en renonçant à leur métier ils se trouveraient abandonnés aux tristes effets de la misère et de la pauvreté, toutes choses qui les rendaient bien dignes d'éloges, et qui témoignent encore aujourd'hui de la bonne foi avec laquelle ils agissaient dans ces temps où la lumière innovatrice ne pouvait se faire jour à travers les ténèbres qu'une routine ignorante et grossière avait accumulés autour d'elle, pendant les siècles qui nous ont précédé.

Au moment où, par l'effet des circonstances, nos habitants voyageurs renonçaient à leur profession de cordonnier, d'émouleur, etc., et qu'ils commençaient à s'applaudir de leur résolution en voyant les heureux résultats que produisait déjà la noble persévérance de ceux qui leur avaient donné l'exemple quelques années auparavant, un autre usage s'établissait dans la commune de Louppy-le-Petit : des jeunes filles, en assez grand nombre, quittaient leurs parents pendant plusieurs mois de l'année pour aller se livrer aux travaux de la vigne dans le département de Seine-et-Oise, notamment à Argenteuil et dans les environs; mais hélas ! ce singulier usage avait ses inconvénients et surtout des inconvénients très graves, aussi la gent féminine y a-t-elle bientôt presque complètement renoncé, de telle sorte qu'en ce moment je ne connais plus qu'une seule personne qui se résigne encore chaque année à le suivre.

Aujourd'hui les choses ont changé de face, une ère nouvelle nous est venue, une ère de progrès et d'affranchissement, dont les conséquences ont eu pour effet de renverser au moins en grande partie la routine et les préjugés des temps anciens; partout l'agriculture devient de jour en jour plus florissante, et presque partout aussi on rencontre chez les cultivateurs une aisance qui s'accroîtra nécessairement avec le temps : les habitants de Louppy-le-Petit ne sont pas restés sourds à l'impulsion générale ; aussi il faut espérer que nos jeunes et laborieux cultivateurs, dont l'instruction a développé l'intelligence, reconnaîtront bientôt qu'au lieu de périr de misère, comme le pensaient leurs pères, ils ne peuvent que trouver, dans l'agriculture, la prospérité et le bien-être.

Comme je l'ai dit dans la première partie de cette statistique la culture principale des habitants de Louppy-le-Petit, est la terre arable et le vigne.

Le terroir comprend, indépendamment du sol des bâtiments :

814	hectares	89	ares	30	centiares	de terres labourable;
64	*id.*	67	*id.*	86	*id.*	de vignes;
50	*id.*	03	*id.*	50	*id.*	de prés;
28	*id.*	82	*id.*	72	*id.*	de plantation en bois et arbres fruitiers;
225	*id.*	81	*id.*	60	*id.*	de bois;
18	*id.*	55	*id.*	26	*id.*	de chénevières;
07	*id.*	33	*id.*	99	*id.*	de pierres, friches et ravins;
01	*id.*	06	*id.*	64	*id.*	de broussailles, oseraies et aisances;
03	*id.*	19	*id.*	32	*id.*	de jardins;
04	*id.*	74	*id.*	69	*id.*	de pâtis communaux, plantés en partie de noyers et cerisiers;
00	*id.*	17	*id.*	85	*id.*	de routoirs;

En tout 1225 hectares 56 ares 64 centiares.

L'assolement des terres est encore triennal; cependant depuis un certain nombre d'années on aperçoit ça et là, dans l'espace destiné aux versaines, des champs couverts de prairies artificielles et de plantes fourragères; c'est ainsi que le trèfle et le sainfoin, qui seuls avaient ce privilége dans les temps antérieurs, se trouvent aujourd'hui avoisinés par des semailles diverses, tels que pois, gravières, vesces, luzernes, etc.; peu à peu sans doute et l'état actuel des choses nous le fait assez présumer, nos cultivateurs reconnaîtront tout l'avantage qui résulterait pour eux de cette manière d'agir, et lorsque l'aisance les favorisant encore plus leur accordera la récompense due à leurs pénibles travaux, ils s'empresseront sans arrière pensée, je l'espère, de supprimer les versaines, je ne dirai pas en totalité, car je suis convaincu que cette suppression est impossible dans un pays comme le nôtre, où la vaine pâture est encore en usage et où le morcellement des propriétés est tel quelles sont pour la plupart sans issue sur la voie publique, mais d'augmenter les prairies artificielles et les semences de plantes légumineuses et fourragères.

Loin de moi, donc, l'idée de faire un reproche à nos cultivateurs de ne pas adopter la suppression des versaines, au contraire j'approuve leur manière de voir à cet égard, parce qu'elle me paraît la plus conforme non seulement à leurs intérêts mais encore aux vrais principes sur la matière; du reste les raisons que je viens de déduire contre l'adoption d'un assolement qui aurait pour résultat de supprimer les jachères en totalité ne sont pas les seules, et certes le défaut de moyens pécuniaires chez la plupart des cultivateurs pour acheter des chevaux et des bestiaux et obtenir par là de quoi cultiver et fumer convenablement leurs terres est aussi un des principaux obstacles qui s'opposent à la suppression des jachères; ce changement de l'ancien système devra donc être graduel tout le temps que les cultivateurs ne seront pas assez riches pour adopter de suite une meilleure méthode, car il n'est que trop vrai, comme le disait dernièrement un agronome distingué, qui traitait la question des assolements, que si, sans y consacrer les avances nécessaires un cultivateur se mettait en tête de supprimer ses jachères, il ruinerait infailliblement ses terres, et tendrait ainsi à déprécier une méthode excellente en elle-même, mais qu'on ne doit pas adopter sans réflexion; en marchant avec retenue dans cette voie d'innovation, nos cultivateurs agissent donc sagement et raisonnnablement, aussi, je l'espère, leur prudence sera couronnée par des résultats certains.

Les 814 hectares 89 ares 30 centiares de terres labourables peuvent se diviser ainsi :

On sème annuellement	en froment.........	272	hectares.
id.	en avoine..........	176	*id.*
id.	en orge............	92	*id.*
id.	en seigle..........	4	*id.*
id.	en pois et vesces....	1	*id.*
id.	en colzas et navettes.	1	*id.*
id.	en pommes de terres.	25	*id.*
id.	en navets..........	2	*id.*
id.	en trèfle et gravières.	15	*id.*
id.	en sainfoin et luzerne.	10	*id.*

Le surplus des terres, environ 220 hectares, reste en jachère et sert à la vaine pâture des troupeaux de la commune.

Le sol naturellement assez montueux, se compose de différentes sortes de terres, ainsi dans les endroits plats et unis on trouve des terres franches, argileuses, sableuses, rouges et froides; ailleurs dans les revers et sur les coteaux, on trouve ce que nous appelons vulgairement des terres pierreuses, calcaires, médiocres et de peu de valeur ; ce sont ces dernières qui servent en grande partie pendant les années de versaine pour la plantation des pommes de terre et les semailles de navets, pois, vesces et autres plantes de la même espèce ; le sainfoin y croît aussi à merveille et donne pendant plusieurs années une récolte abondante.

L'inégalité du sol et surtout la diversité qui existe dans la nature de la terre, exigent de la part du laboureur, je ne dirai pas plus ou moins de soins, mais plus ou moins de culture, suivant la bonne ou la mauvaise qualité de la terre ; c'est ainsi que les terres franches, argileuses, etc. etc., reçoivent annuellement, lorsqu'elles sont en versaine, quatre et même cinq labours, tandis que les terres pierreuses et médiocres, quand elles ne sont pas occupées par des semailles, n'en reçoivent que deux et parfois trois ; c'est un usage qui est fort ancien du reste, et contre lequel on ne peut élever, je crois, que de faibles objections.

Le produit de l'hectare de terre peut être évalué, année commune, lorsque la température est favorable et que la récolte n'éprouve pas d'accident, à 10 hectolitres de froment et 11 d'orge et d'avoine ; ce produit en raison surtout de l'absence de nos cordonniers et émouleurs, pendant une assez grande partie de l'année, est bien plus que suffisant pour la consommation des habitants et la nourriture des animaux domestiques ; l'excédant de la récolte, déduction faite des semences, est vendu soit à des marchands forains qui viennent acheter sur place, soit sur les marchés de la ville de Bar-le-Duc.

Depuis quelques années plusieurs cultivateurs et propriétaires font des échanges de blé à l'époque des semailles avec des habitants des communes voisines ; ce changement de semence produit de bons résultats, non seulemeht par la belle qualité de froment, mais encore par l'augmentation de la récolte, aussi les personnes qui suivent cet usage s'en applaudissent, et tout fait présumer qu'il pourra bien se généraliser par la suite.

Les instruments dont se servent nos cultivateurs, sont toujours la charrue ordinaire à avant-train et la herse de bois, c'est assez dire qu'ils ont conservé intacte la routine de leurs ancêtres, et je ne sache pas qu'aucun ait essayé jusqu'à présent de faire usage des instruments d'agriculture inventés dans ces derniers temps ; la charrue Grangé par exemple, les essais qu'on en a faits ne sont même pas parvenus jusqu'à eux ; les résultats qui ont été obtenus n'ont pas frappé leurs oreilles ; et certes c'est ici pour moi l'occasion de renouveler plus que jamais les plaintes que j'ai déjà fait entendre plus d'une fois contre un fait dont les conséquences sont très préjudiciables à nos cultivateurs, je veux parler de la société d'agriculture et du comice agricole, de ces institutions qui ont pour but, comme nous l'apprend l'article 1er de cette société, *l'amélioration des divers genres de culture, des assolements ; l'affranchissement des routines défectueuses ; le défrichement des terres ; le desséchement des marais ; le perfectionnement des engrais naturels et artificiels ; l'introduction et l'emploi des meilleurs instruments aratoires etc.* Toutes choses qui intéressent non seulement les cultivateurs mais encore les propriétaires des biens ruraux et auxquelles ils devraient tous être appelés à concourir, mais malheureusement beaucoup de communes n'ont aucun membre de la société d'agriculture ni même du comice agricole, celle de Louppy-le-Petit est de ce nombre ; tandis qu'il en est d'autres qui, plus heureuses que leurs voisines, y sont représentées par des mandataires zélés qui ne manquent pas de les faire participer aux bienfaits de ces institutions : toutes cependant ont des droits à cette faveur, et certes la commune de Louppy-le-Petit n'en est pas la moins digne ; en effet, elle est peut-être la seule du canton qui présente, par son site pittoresque, tous les avantages que l'on peut désirer pour faire des essais et des perfectionnements en agriculture ; ainsi et à part les différentes natures de ses terres arables, elle réunit sur son terroir, des vignes, des chènevières, des prés, des plantations, des vallées et des côteaux, et qui plus est une rivière, des ruisseaux, des fontaines, en un mot toutes choses susceptibles d'améliorations et qui présentent les plus grandes facilités à quiconque voudrait faire des essais, soit en semis, soit en plantation, soit de toute autre manière.

Quels sont donc les motifs de l'exclusion dont je viens de parler, sur quoi est-elle appuyée ? en vérité je ne sais que penser et j'ai d'autant plus lieu de m'étonner de ce fait que la commune de Louppy-le-Petit est une des plus populeuses du canton, et qu'elle possède dans son sein des cultivateurs probes et honnêtes qui réunissent à une longue expérience des connaissances agricoles suffisantes pour figurer parmi les membres de la société d'agriculture ou du comice.

J'espère donc que mes plaintes ne seront pas toujours sans résultat, et qu'enfin la lacune que je viens de signaler sera bientôt comblée ; c'est du reste une justice qui nous est due.

Maintenant que j'ai jeté un coup d'œil sur le présent, il n'est peut-être pas inutile avant d'aller plus loin de faire quelques retours sur le passé, et de voir ce qui se passait dans la commune de Louppy-le-Petit relativement à la culture des terres : vers l'année 1800 et même une dixaine d'années antérieurement, de cette manière je parviendrai facilement à démontrer, en m'appuyant sur des faits certains et incontestables, que non seulement l'avenir nous réserve de grandes espérances, mais que l'on peut dès à présent s'applaudir des résultats obtenus par la noble persévérance de nos cultivateurs pendant les 50 années qui nous ont précédés ; ces résultats, je le présume, paraîtront peu sensibles aux amis des innovations et surtout aux personnes qui veulent, bon gré malgré, la suppression des jachères; quoiqu'il arrive, je le répète, nos cultivateurs feront bien de marcher avec modération dans la voie qui leur est ouverte, tout le temps qu'il leur manquera des capitaux et des bras pour se livrer à la culture alterne avec sécurité, et jusqu'au moment où la population sera en proportion avec l'étendue des terres cultivées, toutes choses qui n'existent pas encore aujourd'hui dans la commune de Louppy-le-Petit.

Mon langage, je le sais déjà, paraîtra singulier aux yeux des partisans du système qui aurait pour effet la suppression complète des versaines, ils se récrieront contre mes paroles, et ils diront que, si tel n'est pas mon but, tel sera du moins le résultat auquel j'arriverai, d'encourager la routine et les préjugés anciens, au lieu de chercher à les renverser ; s'il en est ainsi, que ces hommes innovateurs se rassurent, s'ils sont amis du progrès et des améliorations, je veux suivre leur bannière, et loin de moi l'idée de vouloir, en aucun temps ni dans aucune circonstance, favoriser ou faciliter la continuation ou le maintien d'une méthode dont l'usage serait plus nuisible qu'avantageux, seulement comme la prudence et la modération m'ont toujours paru devoir accompagner toutes les actions de l'homme raisonnable, j'engage nos cultivateurs, auxquels je voudrais procurer les moyens les plus sûrs d'arriver au bien-être et à la prospérité, à ne pas s'en écarter chaque fois qu'ils voudront faire des innovations, en attendant que je puisse plus tard joindre à mes conseils désintéressés, l'exemple et la pratique, et faire moi-même sous leurs yeux des essais et des perfectionnements dont ils pourront tirer profit, sans être exposés à subir les conséquences qui résultent toujours du changement d'un système à un autre.

A l'époque dont j'ai déjà parlé, au mois de nivose an X, M. le préfet de la Meuse proposait à M. le maire de Louppy-le-Petit, entre autres questions, celle ci-après, en l'invitant à y répondre avec le plus de précision possible :

Demande.	*Réponse.*
Existe-t-il dans votre commune des hommes dont l'intelligence ait contribué à améliorer la terre?	Non.

Ainsi donc en 1800, il y a plus de 40 ans par conséquent, la culture de nos terres se trouvait encore, comme dans beaucoup de localités, abandonnée aux tristes effets d'une routine qui comptait plusieurs siécles d'existence ; pas une main habile, pas une intelligence même ordinaire, ne se trouvait là, si l'on en croit le témoignage du premier magistrat de la commune, pour aider la nature à augmenter les produits de notre sol, dont l'ingratitude du reste était passée en proverbe, mais seulement des hommes simples, probes et honnêtes, dignes successeurs de leurs péres qui cultivaient tranquillement le modeste héritage que ces derniers leur avaient légué, sans chercher à l'améliorer sous aucun rapport ; toutefois, et c'est une justice à leur rendre, ces hommes, nos aïeux, qui vivaient ainsi au jour le jour, sans s'inquiéter du lendemain, étaient heureux et contents ; étrangers aux passions, l'envie, la jalousie, l'ambition ne les tourmentaient point, des sentiments plus nobles, des pensées plus louables remplaçaient dans leur cœur les idées trop égoïstes d'aujourd'hui ; et, semblables à la rosée qui vivifie les plantes et les met à l'abri des vents et des tempêtes, la foi qui les animait leur donnait à tous le courage de supporter avec résignation et sans se plaindre les peines et les fatigues de leur condition.

Le tableau ci-aprés, dans lequel j'ai mis en regard, non seulement l'étendue des terres cultivées il y a 50 ans avec celles que l'on cultive aujourd'hui, mais encore le produit des terres ensemencées à ces deux différentes époques, fait voir que les résultats dont j'ai parlé plus loin ne sont pas éphémères comme on pourrait le croire, et qu'ils existent réellement.

Il y a 50 ans on semait annuellement : En			On séme aujourd'hui : En		
Blé	171	hectares.	Blé	272	hectares.
Seigle	34	id.	Seigle	4	id.
Orge	70	id.	Orge	92	id.
Avoine	135	id.	Avoine	176	id.
Il restait en versaine.	205	id.	Il reste en versaine.	220	id.
On récoltait année commune : En			**On récolte : En**		
Blé	10,000	décalitres.	Blé	26,480	décalitres.
Seigle	900	id.	Seigle	320	id.
Orge	3,500	id.	Orge	10,120	id.
Avoine	7,000	id.	Avoine	19,360	id.
Il y avait en prairies			**Il y a en prairies**		
Naturelles	45	hectares.	Naturelles	50	hectares
Artificielles	4	id.	Artificielles	25	id.

Ce qui étonne à la lecture de ce tableau, c'est moins sans doute l'agrandissement dans la culture des terres ensemencées que l'augmentation des produits de la récolte ; cependant il faut le reconnaître, cette culture, soit par suite des défrichements qui ont été faits, soit par toute autre cause, s'est élevée successivement à un point tel qu'il n'est guère possible de le surpasser aujourd'hui ; c'est ainsi, qu'à part même les plantations en bois et les prairies artificielles qui occupent entre elles près de 50 hectares, on trouve en ce moment dans l'étendue des terres que l'on ensemence chaque année, comparées avec celles d'autrefois, une différence en plus de 66 hectares par chaque saison.

Il est bon de faire remarquer que dans les 66 hectares que l'on ensemence annuellement en plus dans la saison des blés, se trouvent compris les 34 hectares qui en étaient autrefois distraits pour la culture du seigle qui est aujourd'hui presque complétement négligée, car c'est à peine si, en parcourant le terroir, on en rencontre quelques champs, non plus parmi les blés, mais dans les orges et avoines.

En résumé on récolte aujourd'hui dans la commune de Louppy-le-Petit, en plus qu'il y a 50 ans :

En blé..................	16,480	décalitres.
En orge..................	6,620	id.
En avoine................	12,360	id.

Voilà les résultats de 50 années de travail et de persévérance, résultats que personne ne contestera, car les faits que j'ai énoncés, et les détails dans lesquels je suis entré pour appuyer mes raisonnements, résultent non seulement de pièces authentiques, de notes administratives, mais encore de renseignements qui m'ont été fournis par des hommes capables et expérimentés que j'ai consultés à cet égard.

C'est donc avec raison que je disais il n'y a qu'un instant que l'on pouvait s'applaudir des résultats obtenus par le zèle constant de nos cultivateurs, de ces hommes qui ont eu sans cesse à lutter contre la routine et les préjugés, et aux oreilles desquels le premier magistrat de la commune faisait retentir ces paroles qui n'ont besoin d'aucun commentaire.

« Si vous ne sortez pas pour pourvoir à votre subsistance, » vous périrez de misère, tant l'ingratitude du sol que vous habitez est à un haut degré! »

De ce qui précède il est constant que la culture des terres est en progrès dans la commune de Louppy-le-Petit, et que ces progrès ne remontent qu'à une quarantaine d'années, c'est-à-dire vers 1800, à cette époque que l'on peut appeler régénératrice pour nous, car c'est à partir de là que l'instruction, ce levier qui aide si puissamment au développement de l'intelligence, s'est propagée avec plus d'activité dans la commune de Louppy-le-Petit par les soins des instituteurs zélés qui s'y sont succédé depuis une quarantaine d'années, et qui tous ont toujours si bien compris cette vérité que si l'instruction fait des savants, l'éducation morale seule fait des citoyens.

J'en ai dit assez je crois sur la culture des terres, et je bornerais là mes réflexions si je ne voulais adresser encore quelques paroles à nos cultivateurs, et leur donner les conseils ci-après dont ils sauront tirer profit :

« Lorsque la raison, lorsque l'analogie vous auront indiqué » que telle ou telle méthode est applicable à vos champs, ne » vous pressez pas trop pour cela d'y recourir. Il est une multi- » tude de circonstances inaperçues qui ont, en agriculture, la » plus grande influence, et trompent quelquefois tous les calculs » de la raison. Recourez à l'expérience qui ne trompe jamais; » faites des essais en petit, avant d'en venir à une tentative gé- » nérale : ces essais sont peu dispendieux, vous risquez tout au » plus de diminuer un peu la récolte dans un coin de votre » champ; et si vous réussissez combien vous augmentez votre » aisance! Un résultat heureux peut vous mettre sur le chemin » de la fortune.

» Je ne vous donne aucun conseil dont la bonté n'ait déjà été » éprouvée en bien des endroits par l'expérience; un heureux » essai peut être d'utile exemple pour toute une contrée et vous » rendre les bienfaiteurs de tous vos voisins. Songeons à la fois » à nous et à nos semblables; travaillons à la prospérité com- » mune. Faire son bonheur et celui des autres est la devise de » l'homme sage et du chrétien. »

Je vais maintenant m'occuper de la vigne, de cette plante dont la culture, qui se perd dans la nuit des temps, forme, comme je l'ai dit en commençant, une partie de l'industrie de nos habitants.

Cependant avant de parler des vignes de Louppy-le-Petit en particulier, nos vignerons me sauront gré, je l'espère, de leur faire connaître, non seulement l'origine présumée de la vigne, mais encore sa durée et quelques-uns des principes généraux qui régissent sa culture.

La vigne parait originaire de la Perse ; elle était déjà cultivée par les anciens Egyptiens.

Il en existe de nombreuses variétés, et peu de plantes se sont multipliées sous des formes aussi nombreuses : on peut dire cependant que si l'industrie de l'homme, s'attachant à une culture utile autant qu'elle s'attache à certaines cultures qui ne servent qu'au charme des yeux, avait cherché à multiplier les espèces de vignes comme elle a multiplié par exemple les roses ou les dahlias, on en aurait vu naître de bien plus nombreuses encore, qui seraient devenues pour nous une richesse plus véritable. Il y a donc encore beaucoup à faire pour l'homme ami de la nature et de son pays ; des conquêtes nouvelles peuvent être tentées avec succès.

Avec quelque étude on parvient à saisir les différences qui distinguent ces variétés : les nuances dans la couleur du fruit, les différences dans sa forme ou dans sa grosseur, les feuilles hérissées, cotonneuses ou glabres, plus ou moins divisées, épaisses ou minces, unies ou bulbées, plus ou moins longues ou larges, leur couleur ou la couleur de leur pétiole, tels sont les caractères différents qu'un œil exercé peut saisir.

A voir cette plante dans l'état où la culture nous la présente le plus ordinairement, il semble qu'on puisse la regarder comme une plante plus remarquable par l'extension de ses rameaux que par la grosseur de sa tige ; mais nous la voyons appauvrie et domptée par la culture, et telle que nous l'avons faite pour nos besoins. Abandonnée à elle-même et laissée à tout ce que la nature lui a donné de force, elle parvient à une extrême vieillesse et acquiert une grosseur remarquable. On a vu des ceps qui comptaient plus de 600 ans d'existence. Du temps d'Auguste, en Italie, il en existait dans la Margiane d'une grosseur si énorme que deux hommes pouvaient à peine en embrasser la tige. Les portes de la cathédrale de Ravenne sont construites de bois de vigne, dont les planches ont plus de 4 mètres de hauteur sur 2 mètres 70 centimètres de largeur. Il est mort à Alençon, en 1793, un pied dont le tronc avait 1 mètre 8 décimètres de diamètre. Le bois de la vigne avait chez les anciens une réputation qu'il a perdue chez les peuples modernes ; passant pour indestructible, il était employé par eux pour faire les statues de leurs dieux et les portes des temples.

Le sol destiné à recevoir une vigne doit d'abord être ameubli, préparé non seulement par des défoncements et des labours, mais surtout par des cultures préparatoires qui nettoient la terre des mauvaises herbes, la divisent et l'enrichissent. Il est fort avantageux de le féconder par des engrais, si cela est possible ; le sol le meilleur est celui que les racines des arbres pénètrent plus facilement, sans que leur direction naturelle soit contrariée et où elles trouvent des principes nutritifs plus abondants.

La plantation peut se faire pendant tout l'hiver, un peu plus tôt dans les terrains secs, un peu plus tard dans ceux qui le sont moins : autant que possible il faut planter avant les gelées.

On aurait tort de croire que la vigne se plaît sur les sols inclinés, qu'elle peut prospérer sur les hautes montagnes ; on sait que plus on s'élève, plus la température devient froide ; aussi les vignes plantées sur les hautes montagnes des pays chauds ne sont pas dans une situation plus favorable que celles qui sont en plaine dans les pays tempérés.

De ces indications résultent aussitôt des régles qui doivent guider le vigneron :

1° Les bois et les eaux refroidissent la température de l'air, il faut donc autant que possible en éloigner les vignes ;

2° Une terre plus sèche qu'humide convient à la vigne, lorsqu'on tient à la qualité de ses produits ;

3° Plus les coteaux sont inclinés, plus ils reçoivent directement les rayons du soleil ; les pentes les plus rapides sont donc celles qui donneront le meilleur vin ;

4° La chaleur s'accumulant dans le sol ou étant produite par la réverbération, plus les raisins seront prés de terre, plus ils profiteront de cette chaleur ;

5° Les terres qui jouissent davantage de la faculté d'absorber les rayons du soleil, comme les terres noires, sont plus favorables à la culture de la vigne.

Cependant avec quelque exactitude que l'on puisse apprécier ces causes extérieures, il est souvent des causes cachées qui influent sur la qualité du raisin, et l'on ne peut pas toujours se rendre compte du motif qui fait que tel vignoble ou telle partie de vignoble donne un vin plus recherché et plus délicat que le vignoble voisin ou même qu'une autre partie du même vignoble. Les abris, l'âge du plant, la disposition des couches inférieures ou son sous-sol exercent une influence qu'il n'est pas toujours possible d'apprécier.

Chaque sol, chaque climat, chaque exposition, chaque variété demande un travail particulier, des connaissances spéciales et surtout une grande expérience. C'est pour s'être écartés d'une prétendue routine qui était de la vraie science, que tant de savants vignerons ont échoué. La science de la culture de la vigne est de toutes les branches de l'industrie agricole la plus avancée, parce qu'en général elle n'est pratiquée que par des hommes instruits. Vainement répétera-t-on que les pays vignobles sont des pays pauvres : erreur. Car si quelques années calamiteuses viennent accabler les vignerons, soit par suite d'une gelée, soit par suite d'une trop grande abondance, ils sont secourus par les propriétaires qui n'hésitent point à leur faire des avances dans lesquelles ils sont assurés de rentrer plus tard.

La terre s'épuise à nourrir la vigne, comme à nourrir tous autres végétaux objet d'une culture forcée. Il est donc nécessaire de réparer par des engrais les sucs nutritifs qu'elle a perdus ; mais ceci demande une grande attention. Il est certain que les engrais animaux ôtent à la qualité du raisin tout en augmentant son abondance, et il est plusieurs vignobles qui n'ont perdu une vieille et bonne réputation que par l'abus qu'on a fait de ces engrais. Ils produisent partout cet effet quand ils sont nouveaux encore, et lorsqu'on n'en a pas d'autres à sa disposition il faut ne les employer que parfaitement consommés. C'est donc aux engrais végétaux qu'il faut demander un utile secours, et l'on peut employer aussi les curures des fossés, des rivières et des étangs, la boue des routes et des cours, les nouvelles terres prises dans les champs cultivés ou dans les bois, enfin les composts faits avec la terre de la vigne et des feuilles, des herbes, des gazons, etc.

La vigne a de nombreux ennemis : les gelées lui sont fatales, soit que survenant à l'automne elles dessèchent les feuilles avant le temps, empêchent les raisins de mûrir et la sève de compléter la formation des boutons dans le sarment, soit que pendant l'hiver elles attaquent le sarment lui-même et frappent de mort ses boutons ; soit enfin qu'au printemps elles viennent détruire ses bourgeons naissants. Rien ne peut préserver de ce fléau. On a cependant remarqué avec raison que la gelée n'était fatale que lorsque les rayons du soleil venaient frapper les bourgeons avant qu'ils fussent dégelés, et l'on a conclu que l'on pourrait, soit les mouiller, à l'aide d'une pompe, avant le lever du soleil ; soit les voiler en quelque sorte contre la vivacité de ses rayons, à l'aide d'une fumée épaisse déterminée par des feux placés dans la direction du vent. On conçoit les difficultés d'employer de tels remèdes.

On a aussi vainement cherché à protéger la vigne contre la grêle qui déchire les feuilles, cicatrise la peau délicate des bourgeons, entame les grains et fait souvent des ravages affreux; mais les moyens imaginés dans ce but, les *paragrêle*, n'ont eu jusqu'à présent qu'un succès fort incertain.

Cet exposé terminé, je ne parlerai pas du provignage, de la taille, de l'ébourgeonnement, de l'échalassage et de la récolte, qui se font comme partout ailleurs dans le Barrois, et je me hâte d'arriver à l'objet qui doit principalement fixer mon attention.

La commune de Louppy-le-Petit est, du canton de Vaubecourt, celle qui possède encore aujourd'hui le plus de vignes, malgré la différence qui existe dans la culture actuelle comparée avec celle d'autrefois, et s'il est vrai de dire que la culture de la vigne est celle qui s'est le plus étendue depuis 30 ans, il est certain que nos habitants n'ont pas contribué à cette augmentation; en effet, il y a 50 ans on y cultivait annuellement environ 75 hectares de vignes, tandis qu'en ce moment je n'en trouve plus que 60, ce qui nous donne une différence en moins de 15 hectares; c'est beaucoup trop sans doute, aussi je le dis à regret, nos habitants n'aideront pas à la réalisation de cette belle pensée qu'un savant exprimait dernièrement dans un traité de viticulture: « La culture de la vigne, disait-il, est le beau fleuron de notre agriculture, et celui que nos voisins plus avancés dans la culture des céréales pourront le plus difficilement nous enlever. »

Dans les temps antérieurs, il y a près d'un demi siècle, lorsqu'une partie des habitants de la commune de Louppy-le-Petit la quittaient pendant plusieurs mois de l'année pour aller au dehors exercer leur profession, et que la culture des terres était encore pour ainsi dire au berceau, la vigne cependant y était cultivée en grand, tous nos coteaux, assez nombreux du reste, en étaient couverts, et certes c'était un beau spectacle que celui que nous présentait dans la belle saison notre terroir si heureusement accidenté, ainsi dans le fond de la vallée une prairie magnifique au milieu de laquelle coulait onduleusement la rivière; sur le revers, la vigne toute rayonnante de verdure, étalant aux regards tout le luxe de sa végétation; plus haut des champs couverts de leurs récoltes, fruits des peines et des travaux du laboureur, et parmi ce site enchanteur des vieillards, nos ayeux, aux cheveux blancs, des enfants, nos pères en bas âge, donnant leurs soins aux produits de la terre, et ne levant la tête que pour mieux contempler de temps à autre toutes les beautés que la nature offrait à leurs yeux ébahis.

Le sol de nos vignes est presque partout un terrain pierreux mêlé de terre ; cependant il existe certaines contrées, et notamment dans les endroits plats, où la terre est rouge et où l'on ne rencontre que quelques pierres ; toutes les vignes à proximité du village sont généralement bonnes, et je pourrais encore citer plusieurs autres coteaux qui par leur situation produisent du vin d'une excellente qualité. Du reste, à l'exception de quelques rares petites parcelles qui existent encore dans les verses-côtes, toutes nos vignes se trouvent placées à l'exposition du levant et du midi et reçoivent ainsi pendant une grande partie de la journée les rayons du soleil, ce qui ne contribue pas peu sans doute à conserver au vin la bonne renommée dont il jouit.

Le pineau noir est le plant qui domine dans nos vignes, et nous devons nous en féliciter, car si le produit est faible quant à la quantité, il est bien supérieur à celui des autres races sous le rapport de la qualité ; le pineau blanc et le vert-plant se rencontrent aussi dans certains endroits, mais malheureusement depuis quelques années des propriétaires séduits par une abondance trompeuse, et visant toujours plus à la quantité qu'à la qualité, introduisent journellement sur notre terroir d'autres natures de plants beaucoup moins estimés pour la bonté des crus, mais produisant des récoltes infiniment plus abondantes ; c'est là une imprudence que je ne puis que désapprouver en attendant que nos vignerons aient pu en apprécier toutes les conséquences.

Malgré l'introduction dans nos vignes des plants dits de grosses-races, tels que verts-plants, bourguignons, etc., le vin est cependant toujours de bonne qualité et d'une conservation parfaite. La récolte peut-être évaluée, bon an mal an, à environ 1,000 hectolitres ; une partie est consommée dans la commune de Louppy-le-Petit et dans celles environnantes, et le surplus est livré au commerce ; toutefois il est certain que le produit de nos vignes serait bien plus grand si elles étaient mieux cultivées, mieux soignées, mais les femmes s'en occupent seules pour ainsi dire, et malgré toute leur bonne volonté et le désir qu'elles ont de voir leurs rudes travaux couronnés de succès, elles ne peuvent obtenir les résultats que produiraient les bras forts et vigoureux des hommes ; il en est cependant quelques-uns de ces derniers qui s'occupent dès leur enfance de la culture de la vigne avec une louable persévérance ; ceux-là, j'en suis sûr, tiennent essentiellement à sa conservation, ils se gardent bien d'en détruire la moindre petite parcelle, c'est pour eux un dépôt sacré qu'ils ont hérité de leurs pères, qu'ils veulent conserver intact par respect pour leur mémoire ; et, si leurs mains raidies et tremblantes ne se refusaient pas au travail, nous les verrions remplacer bien vite par de nouvelles plantations ces friches, qui affligent nos yeux, ces terrains où la charrue ne peut arriver et où nos ancêtres étaient cependant parvenus à faire croître la vigne ; mais le poids des années a fait blanchir leurs cheveux, leurs forces sont épuisées et il ne leur reste qu'à former des vœux dont ils ne verront sans doute pas la réalisation.

Dans une grande partie des vignobles, les terrains plantés en vigne sont uniquement ceux qui sont le moins susceptibles de donner d'autres produits et qui demeureraient entièrement sans valeur si l'on cessait de les cultiver de cette manière; c'est là un fait dont l'exactitude ne peut être mise en doute, ce qui se passe maintenant dans la commune de Louppy-le-Petit et ailleurs en est une preuve évidente et incontestable. En effet, ces coteaux autrefois en vignes, ces portions les plus âpres de notre sol, auxquels nos ancêtres étaient parvenus à arracher des produits en les baignant de leurs sueurs, sont aujourd'hui pour la plupart d'un rapport presque nul ; des luzernes et sainfoins, des plantations de bois sans forces ni vigueur, voilà à peu près ce que l'on rencontre en parcourant ces contrées où jadis on admirait la vigne offrant aux regards tout l'éclat de sa belle végétation, et promettant au vigneron la récompense de ses soins et de ses peines. Est-ce là du progrès? En vérité je ne le pense pas.

En 1835, M. Jeantin, alors avocat et juge suppléant près le tribunal civil de Bar-le-Duc, et maintenant président du tribunal de Montmédy, s'exprimait ainsi dans un mémoire sur la culture de la vigne et sur ses produits comparés depuis 1781 jusqu'en 1830. « Voilà, disait-il, les résultats généraux et incontestables » de cet examen de 50 années, ils refutent complétement ces » assertions hasardées *que les immeubles qui rapportent le plus sont* » *les vignes ;* car dans le commerce de la vie il existe certaines » idées dont l'expression circule de bouche en bouche et qui » sont adoptées sans contrôle par une foule même de bons es- » prits, comme une monnaie falsifiée qui passe de main en main » sans que personne s'avise d'en rechercher le titre par une vé- » rification scrupuleuse. »

Ce reproche de l'honorable président ne peut s'adresser aux habitants de Louppy-le-Petit ; en effet, si on leur parle de leurs vignes, ils répondentavec humeur : nos vignes nous occasionnent beaucoup de peines, de soins et de fatigues et elles ne nous rapportent rien ; si on leur parle de replanter celles qu'ils ont arrachées, on n'obtient pas une réponse plus satisfaisante ; nous en avons déjà trop, disent-ils, et leur langage dans le cours de ce dialogue fait voir qu'ils sont loin de partager l'opinion des personnes qui pensent que les immeubles qui rapportent le plus sont les vignes ; du reste, dans l'un comme dans l'autre cas, ce sont, comme le disait M. Jeantin, des assertions hasardées, des idées dont l'expression circule de bouche en bouche, et que personne ne cherche à se rendre compte. Toujours est-il que ces idées fausses, jointes toutefois à l'agrandissement de la culture des terres, est la cause principale qui a porté nos habitants à détruire et arracher une partie de leurs vignes et à en dépouiller nos meilleurs coteaux, mais je l'espère il viendra un temps, et ce temps n'est peut-être pas éloigné de nous, où ils reconnaîtront avec moi combien cette manière d'agir leur est préjudiciable, et combien il serait avantageux pour eux de rendre à leur destination première, la seule que la nature semble leur avoir donnée, ces friches où jadis la vigne croissait à merveille ; en attendant je leur dirai, bien persuadé du reste que mes paroles ne seront pas interprétées malicieusement : replantez vos vignes, ou tout au moins conservez celles qui existent, cultivez les bien, fumez les plus souvent que vous ne le faites, de cette manière la récolte sera plus abondante, les produits que vous en tirerez bien plus grands, toutes choses qui, j'aime à le croire, vous convaincront enfin que si les vignes ne sont pas les immeubles qui rapportent le plus, elles ne sont pas non plus de ceux qui rapportent le moins, et vous porteront à penser avec moi que vos vignes ont incontestablement droit à des soins plus assidus et plus multipliés que ceux que vous leur accordez pour ainsi dire malgré vous, en même temps que vous les donnez sans réserve à vos terres, à vos chènevières, etc.

J'ai dit que la récolte pouvait être évaluée année commune à environ 1,000 hect., et, en fixant le prix de l'hectol. seulement à 10 fr., on trouve une somme de 10,000 fr. Ce résultat, je crois, prouve évidemment combien le langage de nos habitants est exagéré, pour ne pas dire autrement, quand ils répètent sans cesse et à qui veut l'entendre que leurs vignes ne rapportent rien.

Le marc provenant de la récolte est distillé dans la commune et fournit environ 40 hectolitres d'eau-de-vie qui, évalués à 40 francs l'hectolitre, représentent une somme de 1,600 francs.

Maintenant que je crois avoir suffisamment analysé la culture des terres et celle de la vigne, qui sont, comme je l'ai dit, les deux principaux objets de l'industrie des habitants de la commune de Louppy-le-Petit, je vais passer successivement en revue ce qu'on peut appeler les accessoires de cette industrie.

Et d'abord, je parlerai des prairies naturelles, dont l'étendue comme on l'a vu plus loin, ne s'est agrandie que de cinq hectares seulement depuis cinquante ans; cette augmentation est bien faible sans doute, mais elle n'est que la conséquence de la situation des lieux; en effet, la plupart de nos prairies occupent des vallées assez étroites et sont avoisinées par des revers qui ne permettent guère de les agrandir davantage; les seules améliorations à faire pour obtenir d'autres résultats ne peuvent donc provenir que d'une autre cause, par exemple, des irrigations qui pourraient être pratiquées sur divers points, et qui sont complétement négligées par nos cultivateurs, quoique cependant plusieurs de nos prairies, notamment celle des Grands-Prés qu'arrose le ruisseau de Melche, présentent toutes les ressources nécessaires pour tenter ce genre d'innovation avec l'assurance d'un succès complet.

On récolte annuellement environ 60,000 kilogrammes de foin dans les prairies naturelles, et 25,000 dans les prairies artificielles; ce produit, d'une qualité généralement bonne, est consommé dans la commune.

Depuis quelques années toutes les prairies naturelles, sans exception, sont mises en regain, ce qui fait que les bestiaux ne peuvent y être conduits qu'après cette seconde coupe, qui est souvent de peu de valeur, en raison des pluies qui surviennent à l'époque de sa fenaison.

La cherté qui s'est fait sentir dans ces derniers temps sur le bois de chauffage, et, je dirai plus, la difficulté de s'en procurer même à des prix assez élevés, ont fait naître chez les habitants de Louppy-le-Petit, comme chez beaucoup d'autres, l'idée de faire des plantations; c'est ainsi que depuis quelques années on remarque sur notre terroir, dans des terres qui étaient autrefois en friches, ou dont la plupart ne produisaient que peu ou point de récoltes, on y remarque, dis-je, des plantations de diverses essences, tels que saules, bouleaux, etc., dont la croissance étonne tant elle augmente avec une grande rapidité; ces plantations, toutes d'un bon rapport, occupent 25 hectares et suffisent à plusieurs habitants pour leurs besoins journaliers.

Moins heureuse que plusieurs de ses voisines la commune de Louppy-le-Petit ne possède qu'un petit canton de bois appelé le Prigneux, de la contenance d'environ 35 hectares, et dont la plantation ne remonte guère qu'à une trentaine d'années; le surplus des bois qui existent sur son finage, le grand et le petit Haraumont, appartient à M. Pernet-Couchot, propriétaire à Bar-le-Duc.

Dans la vallée qu'arrose la rivière de Chée, au-dessus et au-dessous du village, se trouvent nos chénevières d'une étendue de 18 hectares; une partie seulement sert à la culture du chanvre et l'autre est occupée par des semailles diverses, soit en luzerne, blé, orge, avoine, soit en pommes de terre, betteraves, navets et carottes, qui ne manquent jamais de donner des récoltes abondantes.

La renommée dont jouit à si juste titre le chanvre récolté sur notre terroir, est un motif pour moi d'entrer ici dans quelques détails sur la culture de cette plante que je pourrais encore placer au nombre des objets qui composent plus principalement l'industrie de nos laborieux habitants.

Le chanvre est une plante de la famille des urticées, qui, par ses usages nombreux, rend les plus grands services à l'homme. De ses tiges on tire la filasse, de ses graines on extrait une huile employée à la peinture, à l'éclairage, à la fabrication du savon et à beaucoup d'autres usages. Cette graine elle-même est une nourriture fort recherchée des volailles, et aprés l'extraction de l'huile qu'elle contient, on en fabrique des tourteaux qui sont pour les animaux domestiques un aliment substantiel dont ils se montrent fort avides.

Un climat humide et tempéré, un sol argileux, mêlé de sable et recouvert d'une forte couche d'humus, des vallées protégées contre les vents par des collines, des champs entourés de haies et de plantations, conviennent à la culture du chanvre. Dans les terrains trop humides il préfère pour engrais les fientes de porcs, de brebis ou de chevaux et les composts de gazon et de chaux, et dans les terrains sablonneux, les fientes de bêtes à cornes, les boues des étangs et les substances animales et végétales très purifiées.

Le sol d'une chénevière doit être riche, frais, profond, aisé à cultiver et fumé avec des engrais bien décomposés. De nouveaux défrichements de prés ou de fourrages, des terres d'alluvion, des fonds de vallées sont les terrains qui conviennent le mieux; les autres demanderaient plus de soins pour les mettre en état de donner des récoltes satisfaisantes, et le chanvre serait de mauvaise qualité surtout si l'année n'était pas pluvieuse.

Les chènevières sont affectées à la culture du chanvre depuis un temps immémorial; or, comme elles produisent chaque année de fort belles récoltes sans qu'on leur donne jamais de repos, il semblerait que cette culture est privilégiée et fait exception à toutes les autres, puisqu'il est bien prouvé que plus on alterne les récoltes plus elles sont productives et moins elles fatiguent le sol. Je croirais que les détritus considérables de cette plante contribuent beaucoup à maintenir le terrain dans cet état de fertilité, et que le chanvre, excru sur une vieille chènevière, est plus fin et donne des produits plus soyeux que celui qu'on obtiendrait d'un terrain qui en porterait pour la première fois.

L'époque des semailles varie suivant que le temps est plus ou moins chaud ou plus ou moins humide; la moindre gelée fait périr les jeunes pousses, et si le temps est trop sec la végétation est retardée, et la graine, ne germant pas de suite, devient la proie des oiseaux et des insectes qui en sont très friands. Ainsi, un bon agriculteur ne semera son chènevis que lorsque le temps sera propice, et il aimera mieux retarder le moment de semer que de se hazarder à être obligé d'y revenir deux fois. C'est ordinairement du 20 mai au 1er juin que l'ensemencement a eu lieu dans notre commune. La graine la plus pesante est la meilleure, et il faut qu'elle n'ait qu'un an.

Si, par la sécheresse ou quelqu'autre accident, le chanvre se trouvait trop clair semé lorsqu'il sera levé dans le champ, il faudrait en arracher les mauvaises herbes avec soin, afin de profiter de la graine qui, dans ce cas, est bien plus belle et plus abondante qu'à l'ordinaire.

La récolte du chanvre demande des soins particuliers; elle ne doit être faite qu'à l'instant précis de sa maturité; trop tôt, il donne une filasse sans consistance; trop tard, il pourrit et devient ligneux: le chanvre qu'on appelle femelle, c'est-à-dire celui qui ne porte pas de graines, s'arrache un mois environ avant l'autre; il est bon de ne pas le laisser trop mûrir pour que le rouissage opère plus facilement la séparation des fibres de l'écorce d'avec la tige. L'expérience a prouvé que si l'on attend que les tiges jaunissent, il faut les laisser très longtemps dans l'eau; la filasse perd de sa qualité, prend une mauvaise couleur et le rouissage est très inégal.

La maturité du chanvre porte-graine se connait aux mêmes signes que l'autre et de plus à la couleur des graines qui deviennent brunes et commencent à s'échapper de leur enveloppe; à mesure qu'on l'arrache on le lie en petites bottes que l'on dresse en faisceaux.

L'extraction de la graine se fait en frappant soit avec un fléau, soit avec un petit bâton, la tête des bottes; elle est ensuite exposée au soleil, puis vannée ou criblée et étendue sur le grenier, en couches minces, afin qu'elle ne s'échauffe pas, ce à quoi elle est sujette et ce qui la rend improductive ; sa conservation exige des soins minutieux, aussi n'en doit-on garder que celle que l'on destine pour servir de semence l'année suivante. Lorsqu'elle est bien desséchée, le meilleur moyen de la conserver est de la mettre dans des tonneaux défoncés où elle est à l'abri de l'humidité et des souris; pour en fabriquer de l'huile, il faut choisir avec soin le moment de cette opération : trop tôt, on a moins d'huile; trop tard, elle est plus abondante, mais de moins bonne qualité. Le mieux est d'attendre deux ou trois mois après la récolte.

Les auteurs ne sont pas d'accord sur les avantages ou les inconvénients de faire sécher les poignées des tiges avant de les mettre au rouissage; cependant, sans partager entièrement sur ce point l'opinion de l'honorable agronome auquel j'emprunte quelques-unes des réflexions qui précèdent, je me demanderai avec lui pourquoi, en effet, faire sécher ces poignées de tiges puisqu'il faut qu'elles subissent un certain degré de putréfaction, afin que le gluten qui unit l'écorce au roseau s'en détache facilement? Il paraît évident qu'en les faisant sécher on unit, au contraire, l'écorce au bois de la tige; la putréfaction se fait plus lentement et les fibres peuvent contracter une dureté que le rouissage aura ensuite beaucoup de peine à détruire.

Le rouissage du chanvre a fixé l'attention non seulement des agronomes, mais aussi, tous ceux qui s'occupent d'économie pratique; c'est en effet de cette opération, la plus importante de toutes, que dépend le plus ou moins de bonté de la filasse de toute espèce que produit cette culture. Le mode ordinaire du rouissage usité dans la commune de Louppy-le-Petit est de placer les poignées de chanvre dans l'eau et de les maintenir au fond, soit avec des piquets et des barres transversales, soit au moyen de pierres et de morceaux de bois placés dessus. La raison pour laquelle on submerge ainsi les tiges de chanvre est pour que l'écorce se sépare facilement du bois de cette tige, et pour détruire cette matière glutineuse qui attache le chanvre au roseau.

Comme il faut un certain degré de putréfaction pour opérer cette séparation, il est dangereux, d'un côté, de la pousser à un trop grand degré en laissant trop long-temps les tiges dans l'eau ; et, d'un autre côté, si elle ne demeure pas assez de temps, l'écorce reste adhérente au bois de la tige; ses fibres sont dures et il est presque impossible de leur faire perdre cette dureté. Il y a par conséquent un juste milieu à garder, et ce milieu dépend non-seulement de la longueur du temps que le chanvre reste dans l'eau, mais encore :

1° De la qualité de l'eau, car il est plus tôt roui dans une eau stagnante que dans une eau courante, et plus tôt encore dans de l'eau fétide que dans celle qui n'est que stagnante et claire;

2° De la température, car plus il fait chaud et plus tôt le rouissage est opéré;

3° Enfin de la qualité du chanvre, car celui qui a été semé épais et dans un excellent fonds, recueilli un peu vert, sera plus tôt roui que celui qui sera produit par un fonds médiocre et aura plus de dureté étant arraché trop mûr.

Il est reconnu que, toutes choses égales, le porte-graines rouit plus tôt que l'autre, que le vert rouit plus tôt que le jaune; le côté des racines, plus tôt que celui de la tête, et le nouveau arraché plus tôt que l'ancien.

La chaleur, comme on sait, facilite le rouissage; c'est pour cela que la femelle que l'on arrache en août et que l'on met de suite à l'eau n'exige que dix et douze jours, tandis que le mâle qu'on y met en septembre y reste 15 et 18.

Le rouissage n'a pas pour seul objet de faciliter la séparation de l'écorce du chanvre de sa tige, il a aussi pour mission d'affiner cette écorce, de la rendre plus souple, plus travaillable. L'écorce ou filasse a moitié moins d'épaisseur après le rouissage qu'avant.

Le chanvre femelle offre une finasse plus fine et plus estimée que celle du mâle, sans doute parce que son rouissage a lieu dans une saison plus chaude, et est par conséquent plus complet.

Au sortir du routoir, on laisse les poignées de chanvre sur place pendant quelques heures seulement, puis on les porte dans un lieu bien aéré, où elles restent exposées au soleil jusqu'à ce qu'elles sont complétement sèches; après quoi on les réunit en grosses bottes pour les porter aussitôt à la grange et sur le grenier.

On fait aussi rouir le chanvre, en l'étendant, soit sur des prairies artificielles ,soit sur les éteules de blé ou de marsage : il ne faut pas moins d'un mois pour opérer le rouissage de cette manière, dans les lieux médiocrement humides; ainsi, pendant tout ce temps, l'on se trouve exposé à toutes les intempéries de la saison, et l'on doit redouter également un excès de chaleur et des pluies excessives. Rarement ce rouissage est partout égal; la filasse noircit et devient plus difficile à blanchir; elle contracte des taches souvent ineffaçables. Le rouissage sur les prés, fort bon pour la filasse, à cause de l'humidité qu'ils contiennent, laisse l'herbe imprégnée pour longtemps de son odeur, de sorte que les bestiaux n'en veulent pas, et s'ils en mangent, contractent des maladies quelquefois mortelles; peu de personnes suivent cette méthode qui ne me paraît pas du reste présenter de grands avantages, si ce n'est pour les pays où l'eau manque.

Le *Tillage* vient ensuite pour extraire la filasse de la tige; il se fait soit à la main, soit à l'aide d'un instrument assez expéditif, appelé *Broye* ou vulgairement tillotoire. Cet instrument, qui est fort peu usité par nos habitans, est d'une si grande simplicité qu'il n'est pas de charpentiers de village qui ne soit en état de le construire; en général le tillage est l'occupation des femmes et des jeunes filles pendant les longues soirées d'hiver, mais c'est surtout dans les mois de septembre, octobre et novembre que la gent féminine se réunit en nombreuse compagnie pour cette opération. Bien souvent lorsque le temps le permet, et que la lune éclaire de ses rayons lumineux la vallée silencieuse de la Chée, le tillage a lieu à l'extérieur, dans la rue, au devant des maisons; c'est alors qu'il faut voir comment les jeunes filles oublient tout-à-coup les rudes travaux de la journée pour ne plus songer qu'à goûter, sous les yeux de leurs mères, les plaisirs purs et innocents de la veillée, car on le pense bien, les jeunes gens font également partie des membres de la joyeuse société, et, parfois, les vieillards et les enfants viennent encore en augmenter le nombre; et si, à ce moment un voyageur étranger à nos contrées arrive au sommet des coteaux qui avoisinent la vallée, s'il aperçoit à travers la brume, qui s'étend au dessus des habitations, la flèche de notre clocher s'élançant majestueusement dans les nues, bientôt un léger bruit vient frapper son oreille attentive, sans doute, ce n'est pas la voix cassée et tremblante d'un vieillard, mais celle bien plus douce de nos jeunes filles, dont la mélodie lui annonce qu'il est sur le point d'arriver au village. En effet, pendant la soirée, les vieillards racontent non seulement quelques histoires du bon vieux temps, mais ils chantent aussi quelques couplets appropriés à leur âge, les jeunes gens et les jeunes filles répètent aussi à leur tour plusieurs chansons nouvelles, et tous, bien souvent, font retentir de leurs refrains l'écho de la vallée : une danse en rond termine la veillée, et enfin chacun retourne chez soi se livrer au repos du sommeil, promettant bien de ne pas oublier le rendez-vous du lendemain.

Pendant les derniers mois d'hiver, et lorsque le tillage est terminé, les femmes et les jeunes filles s'occupent presque constamment de filer le chanvre des années précédentes, auquel on a eu soin de faire donner les préparations nécessaires par des chanvriers qui viennent exprès chaque année, des communes voisines pour cette opération qui a lieu ordinairement pendant le mois de mai.

La récolte du chanvre peut être évaluée année commune à environ 2,500 kilogrammes prêts à être filés; les tisserands des villages voisins tissent annuellement pour les habitants de Louppy-le-Petit plus de 15,000 mètres de toile.

On vend le chanvre avant d'être filé, ou la toile lorsqu'elle est fabriquée, et bien souvent des habitans des communes environnantes achètent la récolte lorsqu'elle est encore sur pied.

Ainsi on le voit la culture du chanvre entraîne non-seulement des frais considérables, mais l'arrachage, le rouissage, le séchage, demandent encore des soins particuliers, beaucoup de tems et de travail, aussi l'on convient en général que, faite en grand, cette culture est presque impossible et qu'elle est de peu ou de nul produit.

En présence de ces considérations puissantes, et malgré la renommée acquise au chanvre recolté sur notre terroir, nos habitants agiront sagement tout le temps qu'ils sauront restreindre la culture de cette plante à la seule étendue qu'elle occupe aujourd'hui, c'est-à-dire, à la moitié environ des chènevières.

Depuis quelques années plusieurs propriétaires ont eu l'heureuse idée d'introduire sur le terroir de Louppy-le-Petit la culture de la carotte et de la betterave pour fourrage; leurs essais ont été couronnés d'un succès complet; je regrette bien vivement de ne pouvoir retracer ici les avantages inappréciables que présente cette innovation si sagement exécutée par quelques-uns de nos habitants; toutefois je fais des vœux pour que l'une et l'autre de ces plantes soient cultivées plus en grand dans notre commune. Les propriétaires y trouveront un aliment aussi sain qu'abondant pour leurs bestiaux et une récolte aussi avantageuse par les produits qu'elle procure, que par l'excellente préparation qu'elle donne au sol pour les cultures suivantes.

Il existe sur le finage de Louppy-le-Petit, environ 8 hectares de pierriers, friches et ravins, toutes choses qui sont la conséquence de l'irrégularité du sol, et qui ont du reste leur utilité, soit pour l'amélioration des chemins, soit pour le parcours des troupeaux de la commune.

La contenance des jardins-vergers et potagers est d'environ 7 hectares, le produit qui peut être évalué annuellement à 300 f. par hectare, est consommé dans la commune.

Les pâtis communaux occupent une étendue de 64 hectares environ, la plupart sont plantés d'arbres, tels que noyers, cérisiers, etc.; chaque jour ces terrains sans défense, sont l'objet des empiétemens et des anticipations des voisins, à tel point que, si ces envahissements durent encore pendant quelque temps, la commune se verra bientôt complétement dépouillée de sa légitime propriété; des faits malheureusement assez récens pour ne pas être oubliés sont venus constater l'exactitude de cette vérité.

A quelque distance au-dessous et au-dessus du village et à proximité des chènevières se trouvent les routoirs destinés au rouissage du chanvre, généralement bien situés, ces routoirs réunissent toutes les conditions nécessaires et indispensables pour donner à la filasse la qualité et la renommée dont elle n'a jamais cessé d'être en possession.

Enfin plusieurs personnes s'occupent de la culture des abeilles.

Tels sont les différents objets qui composent l'industrie des habitants de Louppy-le-Petit, mes compatriotes; j'ai essayé de les énumérer le plus exactement possible, afin de ne rien laisser à désirer aux personnes qui les passeront en revue après moi; cependant, et je me hâte de le déclarer, si quelques erreurs, quelques omissions ou quelques inexactitudes se sont glissées sous ma plume, comme elles sont tout-à-fait involontaires de ma part, je saurai gré à ceux de mes lecteurs qui seront assez obligeans pour me les faire apercevoir.

Du reste, je dois le dire, mon intention en commençant cette statistique, était simplement de constater les progrès que l'agriculture a faits dans la commune de Louppy-le Petit pendant les 50 années qui nous ont précédés, et de faire connaître les résultats obtenus durant ce même laps de temps; les faits que j'ai avancés, les comparaisons que j'ai établies, me font assez croire que je suis arrivé au but que je m'étais proposé; toutefois, et je suis heureux de le répéter de nouveau, à l'état de gêne et de misère des derniers siècles a succédé une aisance presque générale, qui permet aujourd'hui à nos habitans, jadis moins favorisés par la fortune, de faire donner non-seulement de l'instruction à leurs enfants, mais encore de leur faire apprendre différentes professions, telles que charpentiers, maçons, menuisiers, ébénistes, serruriers, couteliers, maréchaux-ferrants, tonneliers, etc., toutes choses qu'ils ne pouvaient pas faire même en l'an 10, et à cette époque où le premier magistrat de la commune le disait d'une manière qui ne peut laisser aucun doute à cet égard.

Je ne terminerai pas cette statistique sans adresser encore quelques paroles d'encouragement à nos cultivateurs; et pour cela, je ne crois pouvoir mieux faire que d'emprunter le langage de deux hommes bien dignes de louer l'agriculture, Olivier de Serres, le père de notre agriculture, et Arthur Young, qui fut presque celui de l'agriculture anglaise; Olivier de Serres, disait dans son vieux langage :

« L'agriculture est la plus innocente vocation qui soit au » monde.....La vie rustique, maîtresse et exemple de toute so» briété, continence, parcimonie et diligence, est à l'homme » comme un refuge et un port contre la calomnie, l'ambition » et les autres vices..... Il n'y a rien de plus noble et qui con» vienne mieux à l'homme vivant noblement en liberté.... La » connaissance des biens que Dieu nous donne est voirement le » plus important article de notre ménage. »

Et Arthur Young : « Aucune profession n'est plus honorable » que l'agriculture, aucune n'est plus utile à l'humanité. L'agri» culture n'amollit pas ses sectateurs; elle ne nourrit pas le goût » du luxe dans le public ni dans le particulier, elle ne tend sous » aucun rapport à enrichir quelques hommes aux dépens de la » nation..... Les détails de cette science, ornent l'esprit, élar» gissent la sphère des connaissances de l'homme et tendent di» rectement au progrés de la prospérité publique. Toutes les oc» cupations de l'agriculteur sont utiles, importantes, salutaires; » plus il donne de soins à son entreprise, plus il ennoblit sa » profession. »

Je puis donc, avec ces hommes que l'agriculture a illustrés, dire aujourd'hui : *heureux le laboureur s'il sait connaître son bonheur !* Ce qui la recommande surtout de nos jours, c'est qu'il n'est certainement aucune profession qui puisse mieux assurer au citoyen une véritable indépendance.

CAURIER,
Clerc de M. GALIS, notaire
à Bar-le-Duc.

Imprimerie de NUMA ROLIN.

www.ingramcontent.com/pod-product-compliance
Lightning Source LLC
LaVergne TN
LVHW052015160826
845678LV00003B/1071
* 9 7 8 2 3 2 9 6 6 2 9 7 8 *